EFECTOS DEL FUEGO SOBRE LA DIVERSIDAD DE ARTRÓPODOS EN CEUTA Y LA PROVINCIA DE TETUÁN

Xavier Santos

Soumia Fahd

Mounia El Khayati

Brahim Chergui

Ahmed Taheri

INSTITUTO DE ESTUDIOS CEUTÍES

CEUTA 2024

El contenido de esta publicación procede de la Beca concedida por el Instituto de Estudios Ceutíes, perteneciente a la Convocatoria de Investigación de 2019.

Colección *Trabajos de Investigación*
Ciencias

© EDITA: INSTITUTO DE ESTUDIOS CEUTÍES
Apartado de correos 593 • 51080 Ceuta
Tel.: + 34 - 956 51 0017
E-mail: iec@ieceuties.org
www.ieceuties.org

Comité editorial:
Carlos Pérez Marín • José Luis Ruiz García
Adolfo Hernández Lafuente • María José Fernández Maqueira
Guadalupe Romero Sánchez • María Jesús Fuentes García

Jefa de publicaciones:
María Teresa Cuesta Chaparro

Diseño y maquetación:
Enrique Gómez Barceló

Realización e impresión:
Papel de Aguas S.L.- Ceuta

ISBN: 978-84-18642-58-6
Depósito Legal: CE 25 - 2024

ÍNDICE

LOS EFECTOS DEL FUEGO SOBRE LA DIVERSIDAD DE ARTRÓPODOS EN CEUTA Y LA PROVINCIA DE TETUÁN

Responsable principal del proyecto: Dr. Xavier Santos Santiró. CIBIO/ InBIO (Centro de Investigação em Biodiversidade e Recursos Genéticos da Universidade do Porto)

Supervisor en Tetuán: Dra. Soumía Fahd. Catedrática de Biología Animal. Directora del Laboratorio de investigación "Ecología, Sistemática, Conservación de la Biodiversidad, URL-CNRST nº18". Facultad de Ciencias de Tetuán, Universidad Abdelmalek Essaâdi.

Trabajo de campo y análisis estadístico: Mounia El Khayati. Estudiante de doctorado del Laboratorio de investigación "Ecología, Sistemática, Conservación de la Biodiversidad, URL-CNRST nº18". Facultad de Ciencias de Tetuán, Universidad Abdelmalek Essaâdi.

Trabajo de campo y análisis estadístico: Dr. Brahim Chergui. Investigador del Laboratorio de investigación "Ecología, Sistemática, Conservación de la Biodiversidad, URL-CNRST nº18". Facultad de Ciencias de Tetuán, Universidad Abdelmalek Essaâdi.

Especialista en hormigas: Dr. Ahmed Taheri. Departamento de Biología, Facultad de Ciencias de El Jadida, Universidad Chouaïb Doukkali.

1. INTRODUCCIÓN

Comprender cómo responden las especies a los cambios ambientales es un objetivo importante para predecir el impacto de estos cambios sobre la biodiversidad. El fuego es una perturbación común en muchas regiones del mundo (Moritz et al., 2012) y un elemento clave para entender el funcionamiento de muchos ecosistemas (Bond et al., 2005). La respuesta de las comunidades de animales al fuego está influida por los cambios ambientales producidos tras el fuego, y especialmente por la estructura de la vegetación y composición de la flora (Hartley et al., 2007). En este sentido, se ha comprobado que las comunidades animales antes y después del fuego pueden ser muy diferentes en una amplia gama de grupos taxonómicos como aves (Brotons et al., 2008), gasterópodos (Santos et al., 2009), reptiles (Driscoll & Henderson, 2008) y hormigas (Day et al., 2019), entre otros muchos. Tras el fuego, se inicia un proceso de sucesión ecológica que transforma el hábitat acercándolo a largo plazo a la situación previa al incendio. Como consecuencia de esto, las especies animales se van sucediendo y aparecen en cada etapa aquellas mejor adaptadas a condiciones particulares a lo largo de la sucesión posincendio. Este modelo de acomodación de las especies al hábitat fue descrito inicialmente por Fox (1982). Según este autor, las especies colonizan un área ardida cuando el hábitat les es favorable y desaparecen cuando las condiciones óptimas se modifican a lo largo de la sucesión postincendio. De esta manera, existirían colonizadores a corto, medio y largo plazo tras la consecución del incendio (Valentine et al., 2012).

Factores socioeconómicos (abandono rural y aumento del combustible) y climáticos (aumento de temperaturas y desregulación del ciclo de lluvias) están causando un aumento en la frecuencia de incendios en muchas regiones de todo el mundo (McKenzie et al., 2004; Moreira et al., 2001; Moreira & Russo, 2007). La cuenca mediterránea, una de las áreas de mayor biodiversidad y endemicidad del mundo (Myers et al., 2000; Mittermeier et al., 2004) está sufriendo un aumento en la frecuencia y el tamaño de los incendios (Pausas y Fernández, 2012) que sobre todo afecta a plantaciones de coníferas y eucaliptos, además de matorral y bosques nativos de encina y alcornoque (Chergui et al., 2018). Los estudios dedicados al análisis de la respuesta de los organismos animales al fuego han aumentado en la última década. Sin embargo, existe un notable sesgo hacia algunos taxones como ciertos grupos de vertebrados mientras que, para otros grupos, los efectos del fuego son casi desconocidos (Chergui, 2019), como es el caso de muchos grupos de artrópodos (Apigian et al., 2006).

Los artrópodos representan el grupo de organismos animales con mayor biodiversidad del planeta (Chapman, 2009), y es por ello que realizan importantes funciones ecosistémicas como la polinización, son un recurso trófico para muchos depredadores, y contribuyen al ciclo de nutrientes y a la descomposición (Petersen & Luxton 1982; Lattin, 1993). Además, son buenos indicadores de la calidad del hábitat (Kremen et al., 1993). En definitiva, los artrópodos son componentes básicos en los ecosistemas forestales, y deben ser considerados en cualquier plan forestal que equilibre la gestión con el mantenimiento de la biodiversidad (Kremen et al., 1993; Perry, 1998). Por ello, conocer la respuesta de las comunidades de artrópodos a los incendios forestales puede ser una herramienta muy adecuada para conocer la pérdida o ganancia de biodiversidad y los cambios en los servicios ecosistémicos de los ecosistemas forestales tras un incendio.

2. OBJETIVOS

En este estudio nos proponemos como objetivo general el estudio de la respuesta de los artrópodos a los incendios forestales en Ceuta y la provincia de Tetuán, zonas donde recientemente el fuego ha sido protagonista de la destrucción de numerosas masas forestales de pino de repoblación (Chergui et al., 2018a). Estos pinares son sistemas forestales de gran densidad de pies y cobertura arbórea, debido a lo cual, presentan comunidades herbáceas y arbustivas pobres (Chergui et al., 2018a), e igualmente albergan comunidades de animales con baja diversidad (Azor et al., 2015; Rodríguez-Caro et al., 2017). Sin embargo, se ha constatado que en las plantaciones de pino recientemente ardidas, la estructura posincendio del hábitat permite la colonización de comunidades animales ausentes antes del fuego (Chergui et al., 2019; Santos et al., 2012).

El objetivo principal de este proyecto ha consistido en estudiar la respuesta taxonómica y funcional de la comunidad de artrópodos al fuego en Ceuta y su entorno en la provincia de Tetuán. Para ello, se ha analizado la respuesta global de los artrópodos al fuego en referencia a la abundancia de todos los taxones identificados dentro del Filum Artropoda. Además, se han escogido diversos taxones (Hymenoptera Formicidae, Coleoptera, Orthoptera) para los cuales se clasifican a nivel de especie los individuos capturados, y se realiza un análisis taxonómico y funcional comparando la riqueza y diversidad entre zonas quemadas y no quemadas. Los taxones escogidos son grupos estrechamente relacionados con los recursos del suelo y/o de la vegetación herbácea y arbustiva (Folkerts et al., 1993; Santos et al., 2014), e incluyen especies saprófitas, herbívoras y carnívoras. Por lo tanto, se espera una fuerte respuesta al fuego a corto plazo como consecuencia de los cambios en la estructura del hábitat y la disponibilidad de recursos (es decir, eliminación de la cubierta vegetal arbórea y arbustiva, y la materia vegetal en descomposición del suelo).

Los objetivos específicos del proyecto son los siguientes:

I) Detectar las diferencias en la comunidad de artrópodos entre las zonas quemadas y no quemadas.

II) Analizar si el impacto del fuego en los pinares de repoblación ardidas provoca un aumento en la abundancia y diversidad en la comunidad de artrópodos de manera parecida a lo observado en la comunidad de reptiles de la zona (Chergui et al., 2019).

III) Detectar si la tendencia general de los artrópodos al fuego, se observa para cada uno de los taxones analizados a nivel de especie.

IV) Analizar la influencia ejercida por la cantidad de suelo desnudo disponible, como recurso necesario para la nidificación de muchas especies de los taxones seleccionados.

V) Dilucidar las relaciones entre la estructura del hábitat y la comunidad de artrópodos en los sitios afectados por incendios forestales.

VI) Detectar qué rasgos funcionales de las especies observadas en estos grupos taxonómicos las hacen más resistentes o sensibles al fuego.

VII) Completar los catálogos de especies conocidos en la zona de estudio, tanto para los grupos taxonómicos estudiados, como para cualquier otro capturado con las trampas (véase Metodología).

VIII) Promover la difusión de los resultados a la comunidad de Ceuta y su entorno, por el interés que puede representar conocer el impacto del fuego sobre la fauna, y en general sobre el patrimonio natural de la región.

3. METODOLOGÍA

3.1. Área de estudio

Este estudio se ha llevado a cabo en los pinares de repoblación de Ceuta y la provincia de Tetuán (35.589° N; 5.363° W), zona situada en la península de Tánger en el extremo occidental de la cadena del Rif (Figura 1). Se trata de una región de unos 2574 km² de superficie de los cuales el 40% son tierras forestales (Ettakifi et al., 2019). La vegetación comprende bosques nativos de alcornoque *Quercus suber* (13850 ha), roble africano *Q. canariensis*, y roble melojo *Q. pyrenaica*, así como pinares de repoblación (en total 11557 ha) (Ettakifi et al., 2019). La región presenta un clima mediterráneo (piso termo-mediterráneo) con dos estaciones contrastadas durante el año: una estación cálida y seca entre mayo y septiembre, y una estación más lluviosa y fría que va de octubre a abril (Demdam et al., 2008; Elmoulat et al., 2021). La temperatura media anual es de 22° C. La temperatura máxima del mes más cálido es de 35° C, y la temperatura más baja del mes más frío es de unos 8° C (Ettakifi et al., 2019); mientras que la precipitación media anual alcanza los 728 mm (Aboulaich et al., 2013).

El área de estudio se caracteriza por un número relativamente alto y frecuente de incendios forestales anuales (363 incendios), con una superficie total quemada durante el período 2009-2018 de aproximadamente 1827,79 ha. La temporada de incendios se extiende desde principios de junio hasta finales de septiembre (Chergui et al., 2018a).

En la zona de estudio se han escogido cinco incendios caracterizados por ser zonas donde se han quemado principalmente pinares de repoblación, superficies quemadas de tamaño medio (entre 30 y 300 ha quemadas), y finalmente incendios acaecidos hace menos de 10 años. Las características de cada uno de los incendios y las localidades muestreadas se resumen en la Tabla 1.

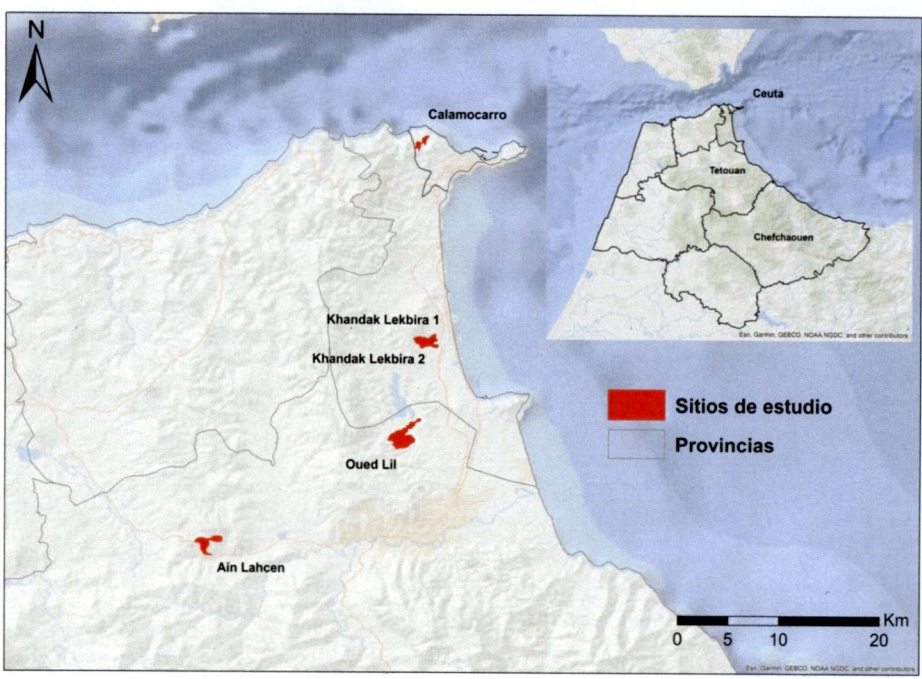

Figura 1. Ubicación de las localidades visitadas dentro del área de estudio

Localidad	Municipio	Año del incendio	Extensión (ha)	Coordenadas	Años post- fuego
Oued Lil	Mallalienne	05/09/2014	286	-5.403; 35.652	7
Khandak Lakbira 1	Allyène	25/04/2016	116	-5.378; 35.732	5
Khandak Lakbira 2	Allyène	05/08/2012	110	-5.365; 35.734	9
Ain Lahssen	Ain Lahssen	20/07/2012	30	-5.564; 35.559	9
Calamocarro	Ceuta	07/09/2019	60	-5.368; 35.908	2

Tabla 1. Resumen de las principales características de las localidades de estudio

3.2. Descripción de las localidades de muestreo

- Localidad Oued Lil. Pertenece al municipio de Mallalienne, y la zona incendiada está situada a 140 metros de altitud. Se trata de una zona afectada por un incendio en 2014 que asoló 286 hectáreas debido a la presencia de un sotobosque bien desarrollado y denso, los fuertes vientos y el calor excesivo. En algunos transectos, el pino es dominante (Figura 2). Se escogieron cuatro puntos de muestreo en la zona quemada (año 2014) y cuatro en la zona no quemada.

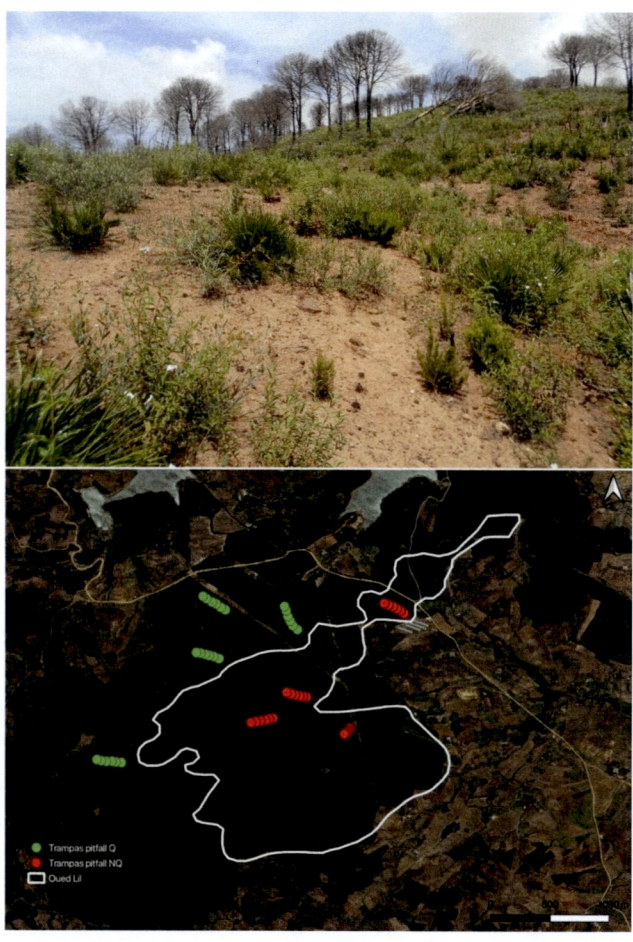

Figura 2. Paisaje y mapa de la localidad de Oued Lil. Puntos verdes y rojos indican la ubicación de las trampas de caída en zona no quemada y quemada respectivamente. Línea continua: Perímetro del área incendiada

- Localidad Khandak Lakbira 1. Pertenece al municipio de Allyène, y la zona incendiada está situada a 140 metros de altitud. Está situado en el bosque Al Haouz a 8 km al norte de la ciudad de Tetuán. El tipo de vegetación dominante es el bosque de pinos. En 2016 registró dos incendios que quemaron 50 y 70 hectáreas cada uno (Figura 3). Los signos del fuego son aún evidentes en troncos ennegrecidos y, principalmente en el caso de los individuos de menor diámetro, se observan muchas ramas aún secas, así como ejemplares que han perdido la parte superior de la copa. Se escogieron cuatro puntos de muestreo en la zona quemada (año 2014) y cuatro en la zona no quemada.

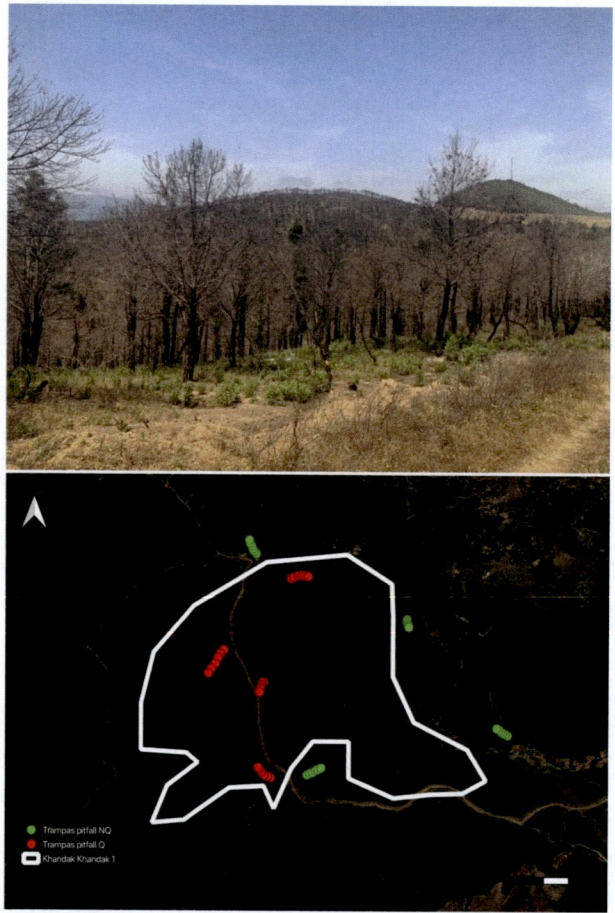

Figura 3. Paisaje y mapa de la localidad de Khandak Lakbira 1. Puntos verdes y rojos indican la ubicación de las trampas de caída en zona no quemada y quemada respectivamente. Línea continua: Perímetro del área incendiada

- **Localidad Khandak Lakbira 2.** Pertenece al municipio de Allyène, y la zona incendiada está situada a 140 metros de altitud. Está situado en el bosque Al Haouz a 8 km de la ciudad de Tetuán. El tipo de vegetación dominante es el bosque de pinos. En 2012, la zona experimentó un incendio de 110 ha (Figura 4). Se escogieron cuatro puntos de muestreo en la zona quemada (año 2012) y cuatro en la zona no quemada.

Figura 4. Paisaje y mapa de la localidad de Khandak Lakbira 2. Puntos verdes y rojos indican la ubicación de las trampas de caída en zona no quemada y quemada respectivamente. Línea continua: Perímetro del área incendiada

- Localidad Ain Lahssen. Pertenece al municipio de Ain Lahssen, y la zona incendiada está situada a 403 metros de altitud. En 2012, la zona experimentó un incendio de 30 ha (Figura 5). Se escogieron tres puntos de muestreo en la zona quemada (año 2012) y tres en la zona no quemada.

Figura 5. Paisaje y mapa de la localidad de Ain Lahssen. Puntos verdes y rojos indican la ubicación de las trampas de caída en zona no quemada y quemada respectivamente. Línea continua: Perímetro del área incendiada

- Calamocarro. Este bosque situado en la zona forestal de Ceuta ha sufrido numerosos incendios en los últimos 10 años (2014, 2018, 2019 y 2022). La zona se compone de manchas de alcornocal, matorral y pinar de repoblación correspondiente a actividades silvícolas de las décadas de los años 50 y 60 del siglo pasado (Figura 6). En el pinar de repoblación destacan *Pinus pinea, P. halepensis* y *P. pinaster*. Las zonas de estudio e instalación de trampas corresponden al pinar. Se escogieron tres puntos de muestreo en la zona quemada y dos en la zona no quemada (Figura 6).

Figura 6. Paisaje y mapa de la localidad de Calamocarro (Ceuta) con indicación de las zonas ardidas en los últimos 10 años. Puntos verdes y rojos indican la ubicación de las trampas de caída en zona no quemada y quemada respectivamente. Línea continua: Perímetro del área incendiada

3.3. Muestreo de la vegetación

Los muestreos de vegetación se realizaron en las cuatro zonas de la provincia de Tetuán, con el objetivo de caracterizar la complejidad de los diferentes estratos de vegetación (arbórea, arbustiva y herbácea) así como la proporción de suelo desnudo. Para ello se seleccionaron en cada incendio, 6-8 puntos de muestreo (3-4 en zonas quemadas y 3-4 en zonas no quemadas) correspondientes a pinar de repoblación. La localización exacta de los puntos de muestreo se puede ver en cada uno de los orto-fotomapas de las cuatro localidades. Los puntos de muestreo coinciden con los puntos de instalación de las trampas de caída. De esta manera, en un círculo de 2.5 m de diámetro alrededor de cada trampa de caída, se midió mediante estima visual, el porcentaje de cobertura arbórea, arbustiva y herbácea, así como el porcentaje de suelo desnudo.

Figura 7. Muestreo de la vegetación

3.4. Muestreo del artrópodo

Los muestreos de artrópodos se realizaron mediante dos técnicas diferentes:

- Trampas de caída. Las trampas empleadas fueron envases de plástico transparentes de 6 cm de diámetro y 8.5 cm de altura, llenados parcialmente con una solución de agua y sal, más una gota de jabón con objeto de reducir la tensión superficial del agua y facilitar la captura de artrópodos (Figura 8). Se instalaron en 6-8 puntos de muestreo (3-4 en zonas quemadas y 3-4 en zonas no quemadas) correspondientes a pinar de repoblación. La localización exacta de los puntos de muestreo se puede ver en cada uno de los ortofotomapas de las cinco localidades. En cada punto de muestreo se instaló una batería de seis trampas de caída separadas 10 metros entre ellas. Las trampas de caída se situaron al menos a 20 m de distancia del margen del incendio para evitar efecto de ecotono en la recogida de muestras biológicas.

Cada trampa estuvo activa durante cinco días consecutivas en dos periodos (visitas) diferentes: junio y julio de 2021 en las cuatro zonas de la provincia de Tetuán, y julio y octubre de 2022 en Ceuta. En cada periodo, tras los cinco días con las trampas activas, se recogieron todos los artrópodos y se guardaron debidamente etiquetados. El material fue trasladado al laboratorio de Ecología, Sistemática y Conservación de la Biodiversidad (Facultad de Ciencias de Tetuán, Universidad Abdelmalek Essaâdi).

Figura 8. Trampas de caída para la colecta de artrópodos de suelo

- Red entomológica: Se trata de un aro de metal de 40 cm de diámetro con una tela fina en forma de cono de 100 cm, conectado a un mango de madera o metal de 60 cm, con el cual se ejecuta la colecta manualmente batiendo la red sobre la vegetación (Figura 9). La red entomológica se usa con relativa fuerza y velocidad a manera de vareo o batido en la vegetación para una colecta eficiente. Se recolectaron artrópodos con la red entomológica en la vegetación circundante a cada trampa de caída. Para ello, se realizaron 10 pases dobles dentro de cada parcela rozando la vegetación a manera de batido. El muestreo con red entomológica solamente se realizó una vez durante el mes de julio de 2021. El material biológico recolectado se guardó en una solución de alcohol 70% debidamente etiquetada, y fue trasladado al laboratorio de Ecología, Sistemática y Conservación de la Biodiversidad (Facultad de Ciencias de Tetuán, Universidad Abdelmalek Essaâdi).

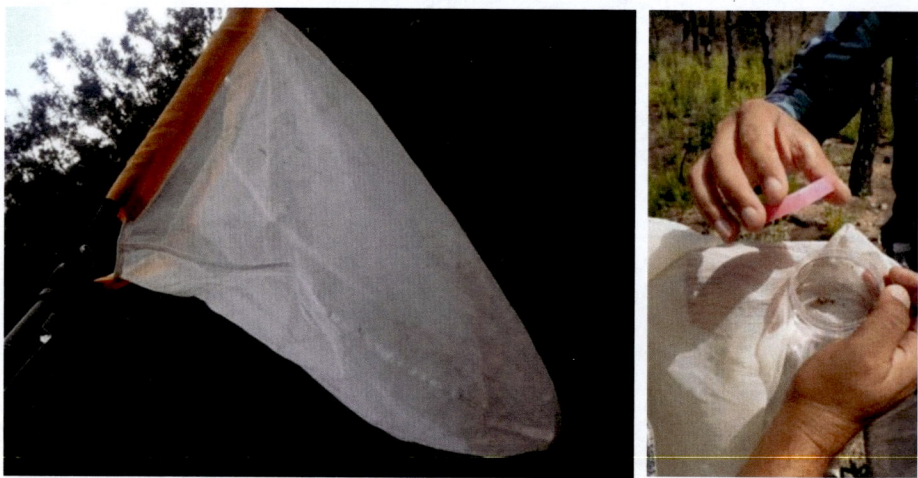

Figura 9. Muestreo con red entomológica para la colecta de artrópodos de vegetación

En el laboratorio, el material biológico de cada muestra se colocó en un tamiz fino para eliminar restos de otros materiales, y finalmente fue introducido en una bandeja con agua limpia para eliminar los restos de impurezas que aún permanecían. Finalmente, el material biológico fue introducido en una solución de alcohol al 70% para su posterior clasificación. Todos los artrópodos de suelo y vegetación fueron clasificados a nivel de Orden mediante lupa binocular a 10x (Figura 10). En primer lugar, se analizó la abundancia de artrópodos a nivel de Orden, y posteriormente se clasificaron, a nivel de especie, los ejemplares del Orden Hymenoptera, el más abundante entre los artrópodos de suelo (véanse los resultados).

Figura 10. Uso del estereoscopio para la identificación del material biológico. En la segunda imagen, las especies clasificadas fueron *Aphaenogaster mauritanica, Camponotus cruentatus, Cataglyphis cubica, Crematogaster auberti, Monomorium salomonis, Tetramorium caespitum* y *Pheidole pallidula*

3.5. Análisis de los datos

Para evitar el sesgo debido a pseudoreplicación espacial, se combinaron los datos para caracterizar la estructura de la vegetación, así como las abundancias de artrópodos de suelo y vegetación tomados en las seis muestras instaladas en batería. De esta manera, se dispuso de 6-8 parcelas/muestras (3-4 en zona quemada y 3-4 en zona no quemada) por cada localidad muestreada. En el caso de los artrópodos de suelo, se dispuso de dos muestras por cada punto, una por cada visita.

Se comparó la estructura de la vegetación entre parcelas de pinar de repoblación quemadas y no quemadas mediante Modelos Lineales Generales Mixtos (GLMM, en sus siglas en inglés). Como variables dependientes en el análisis se usó la cobertura arbórea, arbustiva y de suelo desnudo, así como el índice de Simpson. El GLMM se realizó con la condición de incendio (quemado o no quemado), la altitud como factores fijos, y la localidad como efecto aleatorio. Del mismo modo, se usaron GLMMs para identificar las diferencias en la abundancia de artrópodos entre muestras recogidas en los puntos quemados y no quemados. Este análisis se realizó tanto para el total de artrópodos recogidos como para las abundancias de los grupos taxonómicos más comunes. Para el análisis estadístico, los datos de abundancia total de artrópodos y de abundancia de Hymenoptera se transformaron logarítmicamente, eliminando así la heterocedasticidad de la muestra. Los GLMMs se realizaron con una distribución de Poisson debido a la naturaleza discreta de las variables dependientes (conteo del número de ejemplares capturados) y con una distribución normal previa transformación logarítmica de los datos en el caso de las abundancias de hormigas. Como variable independiente se usó la condición quemado - no quemado de los puntos de muestreo, las variables relacionadas con la estructura de la vegetación como covariables, y la localidad y la visita como efecto aleatorio (la visita solamente para el análisis de los artrópodos de suelo). Finalmente se usó el análisis PERMANOVA usando la función adonis2 para comparar las comunidades de artrópodos entre zonas quemadas y no quemadas usando las abundancias relativas de cada especie.

Los análisis estadísticos se realizaron usando el paquete lme4 (Bates et al., 2015) y el paquete vegan (Oksanen et al., 2020), y las figuras con el paquete ggplot2 (Wickham, 2009). Todos los análisis fueron desarrollados en entorno R (versión R 3.3.0, R Core Team 2016).

4. RESULTADOS

4.1. Estructura de la vegetación

Se detectaron diferencias significativas en todas las variables que midieron la estructura de la vegetación entre parcelas de pinar de repoblación quemadas y no quemadas (Tabla 2). La cobertura de árboles, el suelo desnudo y el índice de Simpson (estructura) disminuyeron significativamente como consecuencia del fuego, mientras que la cobertura arbustiva aumentó tras el fuego (Figura 11).

Variable	Fuego			Elevación		
	Estimar	z valor	*P-valor*	Estimate	z valor	P-valor
Cobertura arbórea	-1.8854	-41.847	**< 0.0001**	0.0002	0.736	ns
Cobertura arbustiva	0.1549	7.587	**< 0.0001**	-0.0002	-1.182	ns
Suelo desnudo	-0.2361	-10.018	**< 0.0001**	-0.0006	-3.118	0.0018
Índice de Simpson (estructura)	-0.4571	-7.192	**< 0.0001**	< 0.0001	-1.082	ns

Table 2. Resumen de resultados de los modelos mixtos generalizados (GLMM), para el efecto del fuego y la altitud en las variables que medían la estructura de la vegetación en las parcelas seleccionadas. ns: prueba no significativa

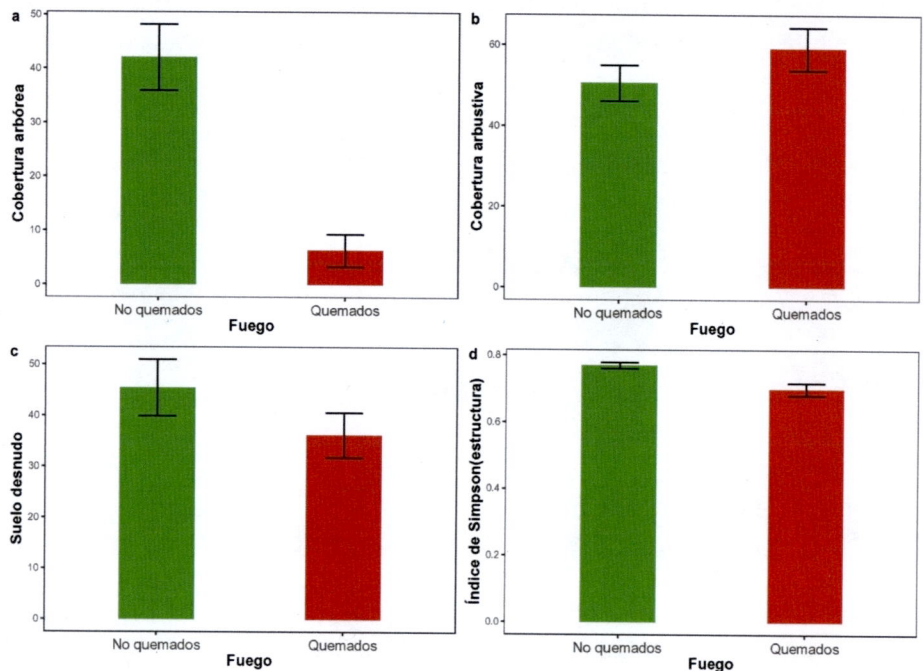

Figura 11. Diferencias en la estructura de la vegetación entre parcelas no quemadas y quemadas, en la cobertura arbórea (a), arbustiva (b) y de suelo desnudo (c) así como el índice de Simpson que indica la complejidad en la estructura del hábitat (d). El símbolo indica el valor medio del modelo y el rango representa ± el error estándar

4.2. Abundancia de artrópodos

En las cuatro localidades estudiadas en la provincia de Tetuán, se recogieron 17.942 ejemplares en un total de 320 muestras (160 trampas de caída y 2 visitas por trampa) correspondientes a 16 Órdenes taxonómicos. Por su abundancia, los órdenes más importantes fueron en primer lugar Hymenoptera, con diferencia el Orden más abundante, y a continuación Araneae, Coleoptera e Isopoda, que constituyeron el 89%, 3%, 1% y 1% respectivamente del total de la muestra (Figura 12).

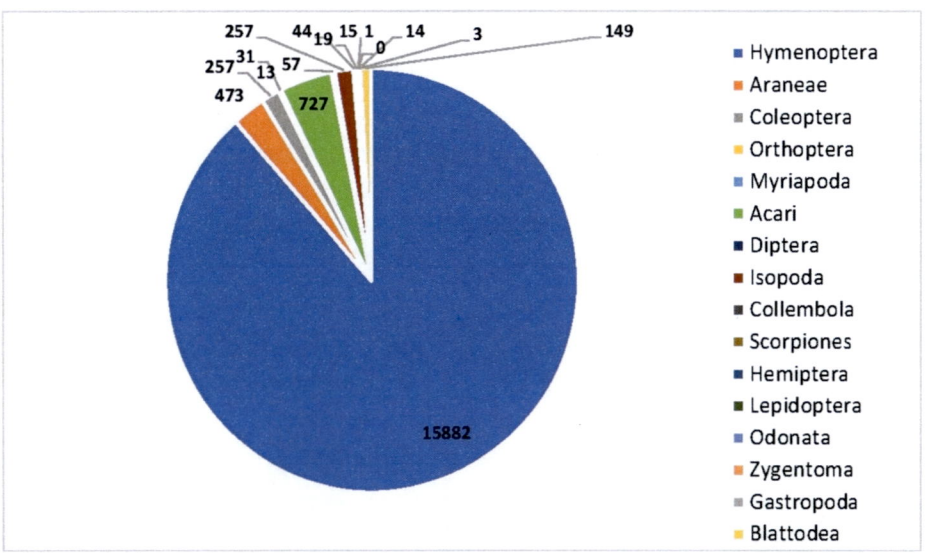

Figura 12. Abundancia de artrópodos de suelo capturados mediante trampas de caída. Cada color indica un grupo taxonómico

Por otro lado, se recolectaron un total de 762 artrópodos de vegetación, siendo los grupos más abundantes, Coleoptera, Hemiptera, Orthoptera y Araneae, que constituyeron el 29%, 27%, 21% y 15% respectivamente del total de la muestra (Figura 13).

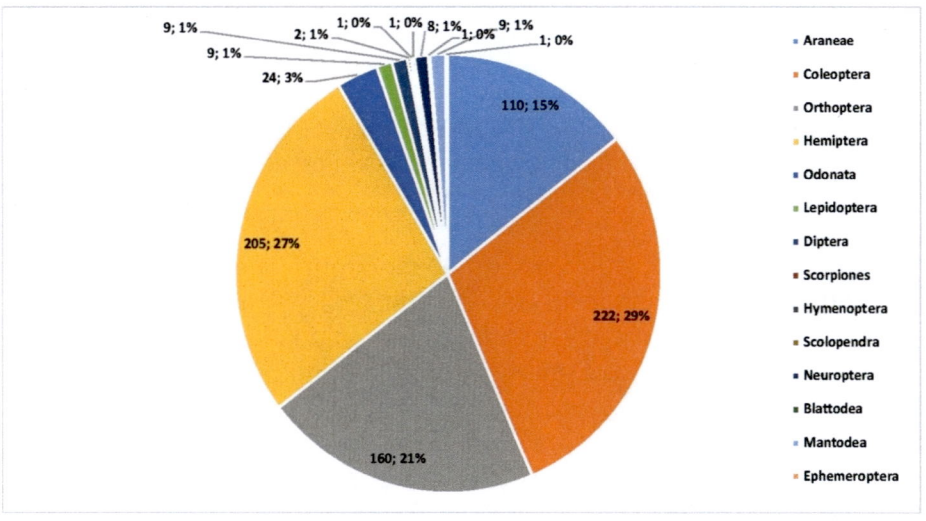

Figura 13. Abundancia de artrópodos de vegetación capturados mediante red entomológica. Cada color indica un grupo taxonómico

No detectamos una variación significativa en la abundancia de artrópodos de suelo entre zonas quemadas y no quemadas. Sin embargo, cuando se repitió el análisis excluyendo los Himenópteros (el grupo más abundante con diferencia), se observó una tendencia significativa, con más artrópodos en zonas no quemadas que en zonas quemadas (Tabla 3; Figura 14). En cambio, respecto a los artrópodos de vegetación hubo mayores abundancias en las muestras de zonas quemadas que no quemadas (Tabla 3; Figura 14).

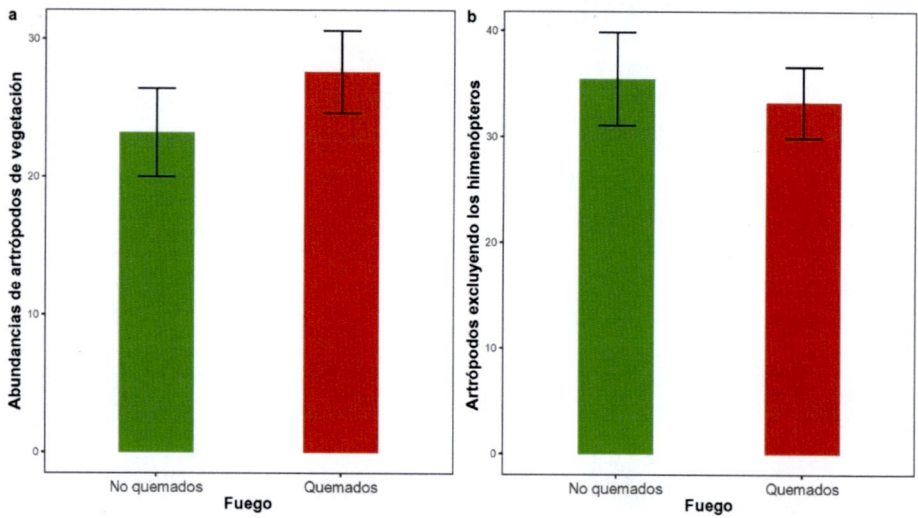

Figura 14. Diferencias en el número de artrópodos de vegetación (a) entre muestras recogidas en zonas no quemadas y quemadas. En relación a los artrópodos de suelo, se presenta la diferencia excluyendo los himenópteros (b). En cada figura, se observa el valor medio de abundancia del modelo para las muestras tomadas en puntos no quemados y quemados. Se presenta el valor medio por muestreo y el intervalo de confianza del 95%

Por Órdenes taxonómicos, se observaron algunas diferencias en los resultados: la abundancia de Hymenoptera y Araneae en muestras de suelo no varió significativamente entre trampas instaladas en puntos quemados y no quemados, mientras que la abundancia de Coleoptera, Isopoda y Blattodea fue mayor en trampas de puntos no quemados (Tabla 3; Figura 15). Finalmente, para los órdenes que se recolectaron con red entomológica, Coleoptera y Orthoptera mostraron mayor abundancia en las zonas quemadas (Tabla 3; Figura 16).

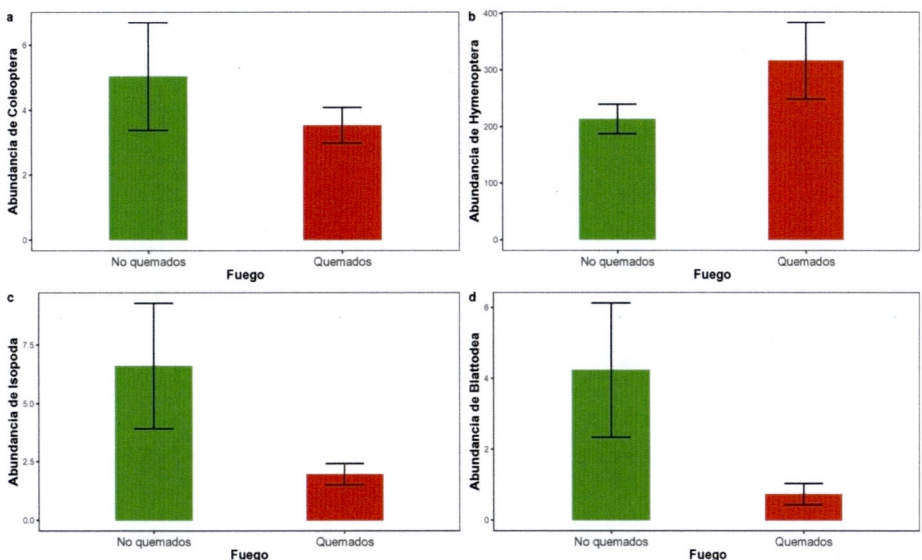

Figura 15. Diferencias en la abundancia de Coleoptera (a), Hymenoptera (b), Isopoda (c) y Blattodea (d) en muestras recogidas con trampas de caída en zonas no quemadas y quemadas. Se presenta el valor medio por muestreo y el intervalo de confianza del 95%

	Fuego			Cobertura								
				Arbórea			Arbustiva			Suelo desnudo		
	Estima	z/t	P	Estima	z/t	P	Estima	z/t	P	Estima	z/t	P
Artrópodos de suelo												
Abundancia total (logaritmos)	0.0091	0.249	ns	-0.0008	-1.022	ns	-0.0017	-1.336	ns	-0.001101	-1.015	ns
Total excepto Hymenoptera	-0.1769	-2.579	**0.009**	-0.0044	-3.189	**0.0014**	-0.0064	-2.543	**0.0110**	-0.0005	-0.268	ns
Araneae	-0.057	-0.406	ns	-0.0062	-2.095	**0.0361**	0.0009	0.203	ns	-0.006	-1.763	ns
Coleoptera	-0.630	-3.839	**0.00012**	-0.0075	-2.039	**0.0414**	0.0028	0.394	ns	-0.0022	-0.393	ns
Hymenoptera (logaritmos)	0.0141	0.335	ns	-0.00091	-1.033	ns	-0.0018	-1.275	ns	-0.00116	-1.035	ns
Isopoda	-0.6182	-2.097	**0.036**	0.0066	1.326	ns	0.0096	0.774	ns	0.0227	2.127	**0.0334**
Blattodea	-1.835	-6.311	**< 0.0001**	-0.0083	-1.781	ns	-0.0177	-1.551	ns	0.0167	2.18	**0.0292**
Artrópodos de vegetación												
Abundancia total	-0.5454	-4.212	**< 0.0001**	0.0065	2.603	**0.00924**	-0.0083	-2.315	**0.02059**	0.0019	0.655	ns
Araneae	-0.3573	-1.109	ns	0.0161	2.586	**0.00971**	-0.0147	-1.417	ns	-0.0129	-1.567	ns
Coleoptera	-0.8865	-3.013	**0.00259**	0.0047	0.868	ns	0.0019	0.23	ns	-0.0021	-0.295	ns
Orthoptera	-1.3541	-4.547	**< 0.0001**	0.0016	0.274	ns	-0.0063	-1.029	ns	0.0050	1.08	ns
Hemiptera	0.0760	0.318	ns	0.0081	1.837	ns	-0.0210	-2.827	**0.0047**	0.0003	0.070	ns

Tabla 3. Resultados de los modelos lineales generalizados mixtos sobre las diferencias en las métricas de la comunidad de artrópodos respecto a la condición de los puntos de muestreo quemados y no quemados, la cobertura arbórea y arbustiva y de suelo desnudo. Cada resultado incluye el parámetro, el valor del estadístico (Wald) y su significación (p), cuyo valor se presenta solamente cuando p < 0.05.

30

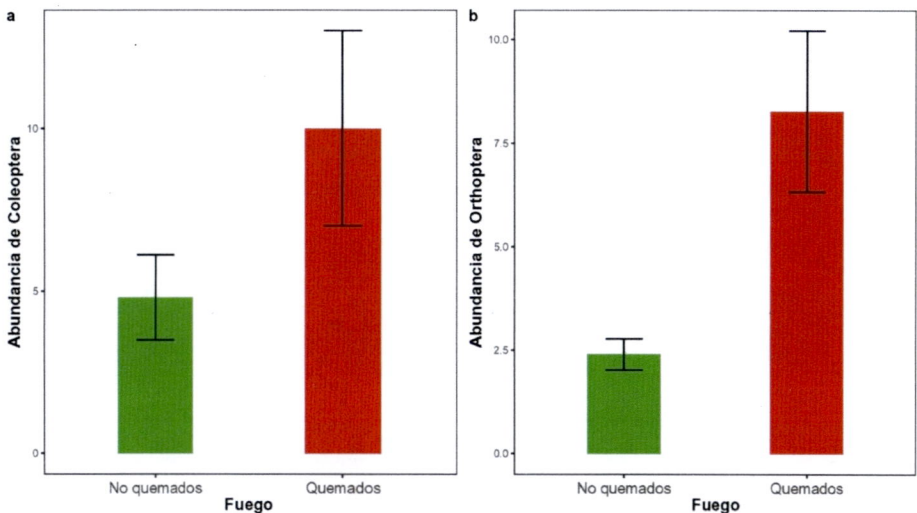

Figura 16. Diferencias en la abundancia de Coleoptera (a) y Orthoptera (b) en muestras recogidas con red entomológica en zonas no quemadas y quemadas. Se presenta el valor medio por muestreo y el intervalo de confianza del 95%

Las abundancias totales de artrópodos de suelo y vegetación se mostraron relacionadas con la estructura de la vegetación. Los GLMMs indicaron que los artrópodos totales excepto Hymenoptera aumentaban ligera pero significativamente con el aumento de la cobertura arbórea y arbustiva (Figura 17). La cobertura arbórea tuvo efectos positivos sobre los artrópodos de vegetación y la cobertura arbustiva efectos negativos (Figura 17).

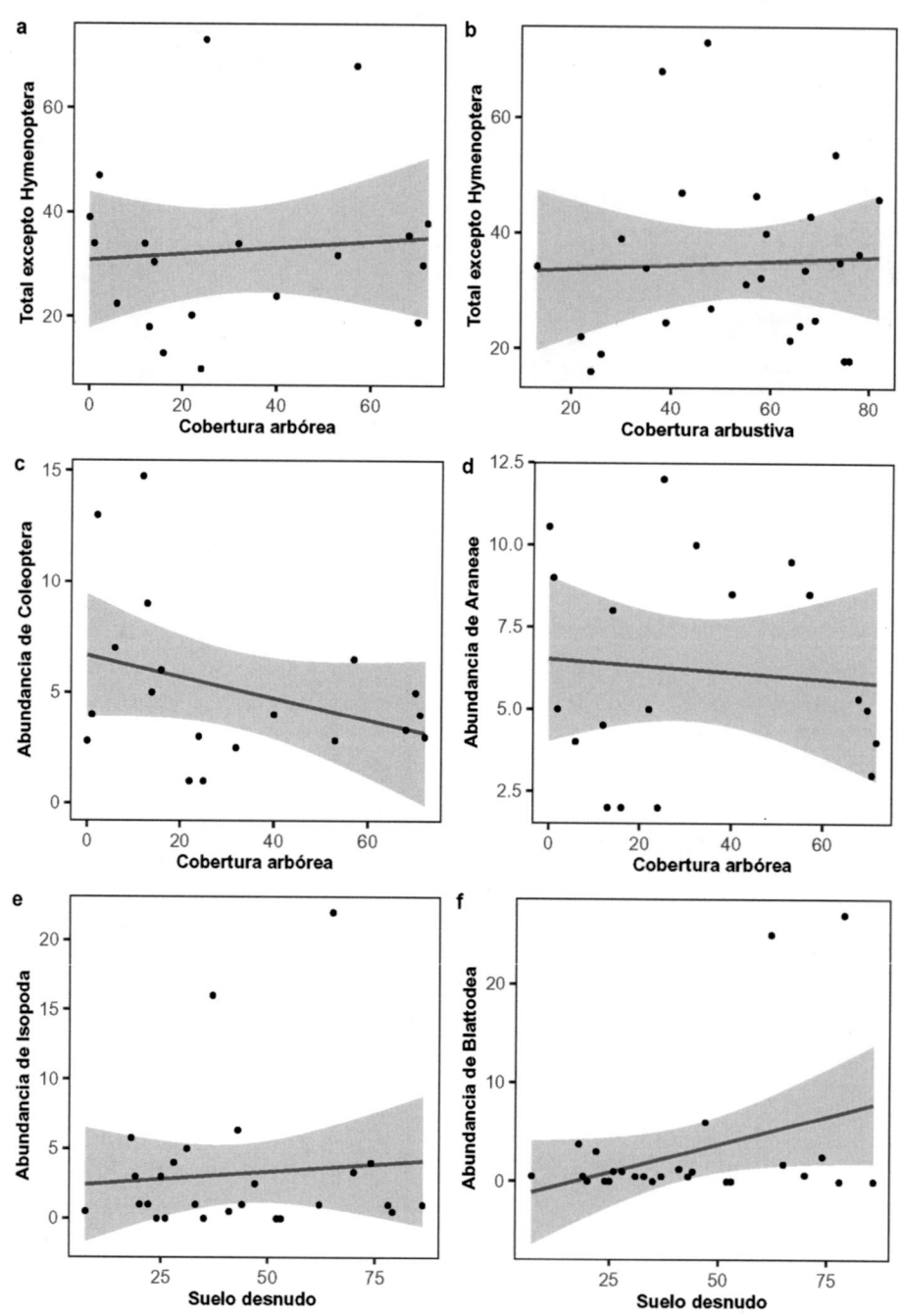

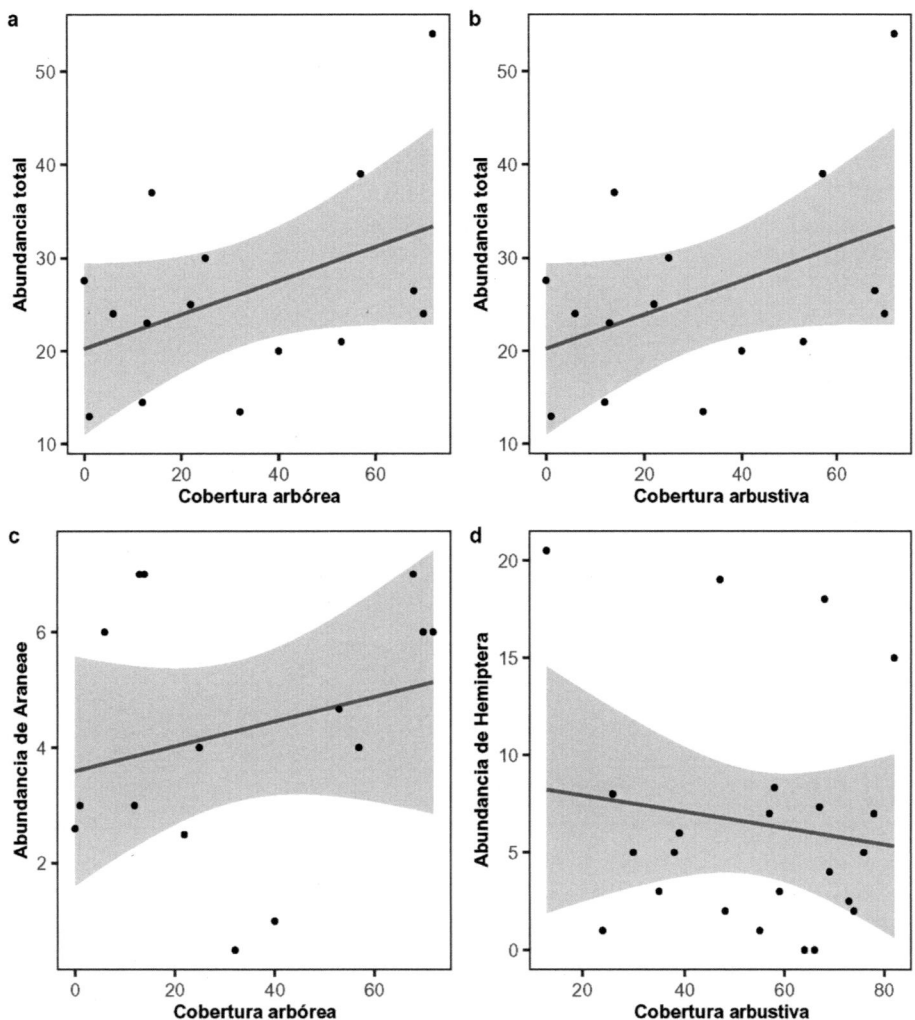

Figura 17. Relación entre las arbórea y arbustiva y la abundancia de artrópodos de suelo y de vegetación

En total se identificaron 46 especies de hormigas, 34 en trampas de caída instaladas en zonas no quemadas y otras 35 en zonas quemadas. De las 46 especies, 23 (50% de especies) aparecieron en trampas instaladas en ambos tipos de zonas (por ejemplo, *Catagliphys cubica*, Figura 18), 11 (23.9% de especies) solamente aparecieron en las trampas instaladas en zonas no quemadas, y finalmente 12 especies (26% de especies) solamente en las trampas instaladas en zonas quemadas (Tabla 4). *Monomorium Salomonis*, una especie generalista, resultó ser la más abundante en las áreas quemadas con una tasa del 60,4%. Por otro lado, en áreas no quemadas, *Camponotus cruentatus* ocupó el primer lugar con una abundancia relativa de 27,75%. De las 49 especies, 16 solamente fueron registradas con un solo individuo: 12 especies en las áreas no quemadas y 4 en las áreas quemadas.

Figura 18. Ejemplar recolectado de la especie *Aenictus vaucheri* bajo el estereo-microscopio: vista lateral y detalle de la cabeza

Especie	Fuego no	Fuego sí	Especie	Fuego no	Fuego sí
Aenictus vaucheri Emery, 1915a	sí	no	*Lepisiota frauenfeldi* (Mayr, 1855)	no	sí
Anochetus ghilianii (Spinola, 1851)	sí	no	*Messor abdelazizi* Santschi, 1921	no	sí
Aphaenogaster homonyma Emery, 1921	no	sí	*Messor barbarus* (Linnaeus, 1767)	sí	sí
Aphaenogaster gemella Roger, 1862	sí	sí	*Messor marocanus* Santschi, 1927	no	sí
Aphaenogaster mauritanica Dalla Torre, 1893	sí	sí	*Messor sanctus* Emery, 1921	no	sí
			Monomorium Salomonis (Linnaeus, 1758)	sí	sí
Aphaenogaster sardoa anoemica Santschi, 1910	no	sí	*Oxyopoyrmex* sp.	no	sí
Aphaenogaster senilis Mayr, 1853	sí	sí	*Paratrechina longicornis* (Latreille, 1802)	sí	no
Camponotus alii Forel, 1890	sí	sí	*Pheidole pallidula* (Nylander, 1849)	sí	sí
Camponotus Atlantis Forel, 1890	sí	sí	*Plagiolepis maura* Santschi, 1920	sí	sí

Camponotus cruentatus (Latreille, 1802)	sí	sí	Plagiolepis schmitzii Forel, 1895	sí	sí
Camponotus foreli Emery, 1881	sí	sí	Solenopsis cf. occipitalis Santschi, 1911	sí	no
Camponotus lateralis (Olivier, 1792)	sí	no	Tapinoma simrothi Krausse, 1911	sí	sí
Camponotus ruber Emery, 1925	sí	sí	Technomyrmex vexatus (Santschi, 1919)	sí	no
Camponotus serotinus Cagniant, 1996	sí	sí	Temnothorax Atlantis (Santschi, 1911)	sí	no
Camponotus spissinodis Forel, 1909	no	sí			
Cataglyphis cubica (Forel, 1903)	sí	sí	Temnothorax curtulus (Santschi, 1929)	sí	sí
			Temnothorax formosus (Santschi, 1909)	no	sí
Crematogaster auberti Emery, 1869	sí	sí	Temnothorax recedens (Nylander, 1856)	sí	sí
Crematogaster scutellaris (Olivier, 1792)	sí	no	Temnothorax spinosus (Forel, 1909)	sí	no
Crematogaster sordidula (Nylander, 1849)	sí	sí	Temnothorax tyndalei (Forel, 1909)	sí	sí
Goniomma kugleri Espadaler, 1986	no	sí	Tetramorium caespitum (Linnaeus, 1758)	sí	sí
Goniomma hispanicum (André, 1883)	no	sí	Tetramorium exasperatum Emery, 1891	sí	sí
Lasius grandis Forel, 1909	sí	no	Tetramorium semilaeve André, 1883	sí	sí
Lasius lasioides (Emery, 1869)	sí	no			

Tabla 4. Lista de especies de hormigas que aparecieron en las trampas de caída de puntos quemados y no quemados

En Ceuta, se recogieron 3.131 ejemplares de artrópodos, que repartidos por Clases, representaron 233 crustáceos, 966 arácnidos, 3 miriápodos y 1.963 insectos. Entre los insectos, el grupo más abundante fueron los Himenópteros de la Familia Formicidae. Respecto a las abundancias totales por cada grupo taxonómico, los órdenes Blattodea y Diptera mostraron menores abundancias en zonas quemadas (Z = 3.796, P = 0.0002; Z = 2.972, P = 0.003 respectivamente).

De los tres grupos taxonómicos clasificados a nivel de especie, se hallaron 16 especies de hormigas, 35 especies de coleópteros y 5 especies de ortópteros (Tabla 5). La composición de las comunidades, mostró diferencias en el caso de las hormigas (PERMANOVA, F = 5.60, P = 0.001) y de los coleópteros (PERMANOVA, F = 2.68, P = 0.005) entre zonas quemadas y no quemadas.

Especies	Familia / Subfamilia	Fuego no	Fuego sí	Total
Hymenoptera Formicidae				
Temnothorax curtulus (Santschi, 1929)	Myrmecinae	76	10	86
Tetramorium exasperatum Emery, 1891		36	0	36
Tetramorium semilaeve André, 1883		130	405	535
Crematogaster auberti Emery, 1869		21	116	137
Messor sanctus Emery, 1921		0	16	16
Tetramorium caespitum (Linnaeus, 1758)		13	15	28
Messor barbarus (Linnaeus, 1767)		0	7	7
Temnothorax recedens (Nylander, 1856)		8	0	8
Crematogaster scutellaris (Olivier, 1792)		5	0	5
Solenopsis sp. Westwood, 1840		5	17	22
Plagiolepis pallescens Forel, 1889	Formicinae	19	13	32
Cataglyphis viatica (Fabricius, 1787)		0	12	12
Camponotus spissinodis Forel, 1909		0	1	1
Camponotus ruber Emery, 1925		1	1	2
Camponotus alii Forel, 1890		0	6	6
Plagiolepis barbara Santschi, 1911		0	4	4
Coleoptera				
Stagetus championi (Schilsky, 1899)	Anobiidae	1	0	1
Leptaleus rodriguesi (Latreille, 1804)	Anthicidae	0	1	1
Spermophagus sp. Schönherr, 1833	Bruchidae	1	0	1
Acmaeoderella (Omphalothorax) Cobos, 1955	Buprestidae	0	2	2
Corax (Sterocorax) globosus (Fabricius, 1792)	Carabidae	20	9	29
Orthomus maroccanus Chaudoir, 1873		9	10	19
Brachinus (Brachinoaptinus) sp.		1	0	1
Harpalus sp. Latreille, 1802		1	1	2
Ophonus ardosiacus (Lutshnik, 1922)		0	2	2
Carterus (Microcarterus) Rambur, 1837		0	4	4
Arhopalus ferus (Mulsant, 1839)	Cerambycidae	2	0	2
Longitarus (Longitarsus) sp.	Chrysomelidae	0	1	1
Bruchidius rubiginosus (Desbrochers des Loges, 1869)		1	2	3

Longitarsus (Longitarsus) Berthold, 1827		0	1	1
Andrion regensteinense (Herbst, 1797)	Curculionidae	0	1	1
Pityophtorus sp.		2	3	5
Crypturgus sp. Erichson, 1836		0	2	2
Elateridae Leach, 1815	Elateridae	0	1	1
Thorectes (Thorectes) laevigatus (Fabricius, 1798)	Geotrupidae	4	6	10
Pactolinus major (Linnaeus, 1767)	Histeridae	1	7	8
Dienerella (Cartoderema) sp.	Latridiidae	1	0	1
Ripidius quadriceps Abeille de Perrin, 1872	Ripiphoridae	1	0	1
Sisyphus schaefferi (Linnaeus, 1758)	Scarabaeidae	2	0	2
Oryctes (Oryctes) nasicornis (Linnaeus, 1758)		0	2	2
Sepedophilus sp. Gistel, 1856	Staphylinidae	2	0	2
Scydmaenus Latreille, 1802		0	1	1
Ocypus olens (Müller, 1764)		1	0	1
Stenosis hispánica (Solier, 1838)	Tenebrionidae	24	37	61
Boromorphus tagenioides (Lucas, 1849)		0	1	1
Anidorus sanguinolentus (von Kiesenwetter, 1861)		0	1	1
Morica planata (Fabricius, 1801)		0	1	1
Pachychila (Pachychila) Eschscholtz, 1831		0	1	1
Cossyphus (Cossyphus) Olivier, 1795		1	0	1
Asida (Planasida) septemsis (Pérez Vera, Ruiz & Avila, 2012)		0	8	8
Cnemeplatia rufa Tournier, 1874		3	1	4
Orthoptera				
Pezotettix giornae (Rossi, 1794)	Acrididae	2	1	3
Calliptamus barbarus (O.G. Costa, 1836)		0	2	2
Gryllomorpha uclensis Pantel, 1890	Gryllidae	0	1	1
Gryllomorpha sp. Fieber, 1853		0	2	2
Sciobia sp. Burmeister, 1838		1	3	4

Tabla 5. Lista de especies y sus abundancias en trampas de caída instaladas en zonas quemadas y no quemadas en Calamocarro (Ceuta)

Las dos especies más abundantes de hormigas fueron *Tetramorium semilaeve* y *Crematogaster auberti,* ambas encontradas en mayor proporción en las zonas quemadas. La primera es una especie de amplia distribución y típica de espacios abiertos y bien expuestos, mientras que la segunda también es típica de espacios abiertos y secos (Cagniant, 1997). Aparte de estas dos especies, se observó una notable segregación en otras especies de hormigas que se hallaban exclusivamente en zonas quemadas o no quemadas. Esta segregación se debía a los hábitats preferidos por ambos grupos de especies, ya fueran espacios abiertos u arbustivos en las especies propias de zonas quemadas, o espacios forestales y más húmedos en las especies encontradas en los pinares no quemados.

Respecto a los coleópteros, las especies más abundantes fueron *Stenosis hispanica, Steropus (Sterocorax) globosus* y *Orthomus maroccanus,* todas ellas especies generalistas y de amplia distribución en el Magreb. La segunda, además es conocida por colonizar pinares quemados (Fernández y Salgado, 2004). Como en el caso de los coleópteros, otras especies menos abundantes en las trampas de caída mostraron segregación hallándose exclusivamente en zonas no quemadas o quemadas. En el primer caso, se trataba de especies con elevada afinidad por sustratos húmedos, mientras que en el segundo caso se trataba de especies generalistas y características de espacios abiertos.

Finalmente, las cinco especies de ortópteros correspondían a especies generalistas.

5. DISCUSIÓN

Este estudio, pionero en el norte de África, ha analizado el impacto de los incendios forestales sobre la composición de las comunidades de artrópodos y su relación con los cambios en la estructura de la vegetación. La elección de las áreas de estudio ha correspondido a pinares de repoblación con una moderada o elevada extensión de zona quemada. Comparado con los incendios acaecidos en la vertiente norte de la cuenca mediterránea (Pausas y Fernández-Muñoz, 2012), se trata en general de incendios de pequeño tamaño (Chergui et al., 2018a). Nuestros resultados indicaron que el fuego afecta a la estructura del hábitat, pero no la composición de las comunidades vegetales (Chergui et al., 2018b) que muestran respuestas tanto rebrotadoras en general desde las raíces como germinadoras desde el banco de semillas del suelo. En cambio, la respuesta de las comunidades de artrópodos ha sido muy heterogénea y probablemente está influida por el hábitat ocupado (suelo o vegetación) y también por aspectos funcionales de cada grupo estudiado (sobre todo el tipo preferente de hábitat ocupado por cada especie). En este estudio presentamos los resultados de la vegetación, los resultados de abundancias globales de artrópodos de suelo y de vegetación, y los resultados de las comunidades de hormigas (provincia de Tetuán y Ceuta), coleópteros (Ceuta) y ortópteros (Ceuta) para las cuales ya se han clasificado los ejemplares a nivel de especie.

5.1. Cambios en la estructura de la vegetación tras un incendio

El resultado más evidente de nuestro estudio de vegetación es que el fuego ha reducido la cobertura arbórea, y en cambio ha aumentado la cobertura arbustiva que es mayoritaria en los primeros años después del fuego. La vegetación mediterránea está adaptada al fuego y por lo tanto es altamente resiliente, lo que significa que muchas especies de plantas pueden recuperarse después de un incendio ya sea mediante su capacidad de rebrote o de germinación de semillas presentes en el banco de semillas del suelo (Hanes, 1971; Pausas & Vallejo, 1999; Buhk et al., 2006). Además, el fuego elimina las especies arbóreas dominantes (en nuestro caso los pinos con una elevada densidad de pies). De esta manera, disminuye temporalmente la competencia entre plantas por el espacio y la luz, lo que permite que se establezcan especies menos competitivas, aumentando la riqueza de la vegetación y la heterogeneidad espacial (Denslow, 1985; Pickett, 1989). La presencia de pinos en algunas zonas quemadas se debe a diversos factores ambientales que explican el éxito de germinación de las semillas de pino después de un incendio, incluyendo la luz solar, la precipitación, la protección del suelo y la baja pendiente (Madrigal et al., 2005; Francos et al., 2016).

5.2. Cambios en las comunidades de artrópodos tras un incendio

La respuesta de las comunidades de artrópodos a los incendios forestales en los pinares de repoblación ha mostrado resultados contrarios si las muestras correspondían a comunidades de suelo o de vegetación. Las primeras respondieron negativamente al fuego mientras que las segundas respondieron positivamente. Aunque nuestro estudio solamente ha analizado las abundancias a nivel de Orden, los resultados sugieren que no existe una respuesta homogénea de los artrópodos al fuego, sino que el microhábitat ocupado (por ejemplo, suelo o vegetación) y algunos aspectos funcionales como la dieta y la valencia ecológica, pueden explicar la respuesta al fuego (Santos et al., 2014).

La respuesta de los artrópodos al fuego depende en gran medida de su capacidad de supervivencia al paso de las llamas, de su habilidad para colonizar el área quemada, de su capacidad de aprovechamiento de los nuevos recursos creados tras la acción del fuego, y del tiempo en que la estructura del hábitat tarde en recuperar las condiciones previas al incendio (Whelan, 1995; Swengel, 2001). Existen numerosos estudios que muestran mayor riqueza y abundancia de artrópodos en las zonas quemadas (al compararlos con áreas sin quemar). Tales resultados se han obtenido en arañas (Buddle et al., 2000; Moretti et al., 2004), escarabajos (Moretti et al., 2004; Hyvarinen et al., 2005), sírfidos, abejas y avispas (Moretti et al., 2004) y hormigas (York, 1996; Andersen & Müller, 2000) entre otros, si bien el tipo de respuesta varía entre especies (Siemann et al., 1997; Swengel, 2001; Hanula & Wade, 2003).

Sin embargo, en nuestro estudio, los artrópodos de suelo en su conjunto excluyendo los himenópteros, y también algunos grupos como coleópteros, isópodos, dípteros y cucarachas, mostraron una reducción en abundancia tras el fuego. El fuego elimina a corto plazo la capa de hojarasca y la vegetación en descomposición existente en el suelo. Esto deja el suelo más expuesto a la luz solar, lo que reduce la humedad y la materia orgánica utilizada como alimento y como refugio para los artrópodos (Neary et al., 1999; Podgaiski et al., 2013). Es posible que estos cambios expliquen la reducción de la riqueza de artrópodos en el suelo de las parcelas quemadas, sobre todo entre los grupos menos tolerantes a los efectos del fuego que podrían haber sido excluidos tras los incendios. Estos cambios pueden haber sido claves en la reducción de isópodos de los pinares de repoblación quemados en nuestra zona de estudio; se trata de animales detritívoros, que viven entre la hojarasca y en ambientes húmedos, y cuya respuesta al fuego debe ser negativa por la desaparición de su hábitat preferido.

El fuego puede alterar la composición de las comunidades de artrópodos (Swengel, 2001) a través de cambios provocados en la estructura del hábitat (York, 2000; Parr et al., 2004) o la disponibilidad de recursos (Potts et al., 2001, 2003). Este patrón general también depende de las condiciones ambientales locales, marcadas por el mayor o menor desarrollo y cobertura de los diferentes estratos de vegetación (Farji-Brener et al., 2002; Parr et al., 2004). En nuestro estudio, el aumento en la abundancia de artrópodos de vegetación (capturados con red entomológica) probablemente se deba al aumento en la cobertura de la vegetación arbustiva y herbácea tras el fuego. El aumento en la riqueza de plantas y la heterogeneidad del hábitat puede proporcionar una mayor disponibilidad de recursos, por ejemplo, microhábitats y condiciones abióticas favorables necesarios para sustentar esta mayor riqueza de artrópodos (Joern & Laws, 2013). En general, el fuego cambia las características de la vegetación, aumentando la riqueza de plantas (Podgaiski et al., 2013), estimulando la floración (Lamont & Downes, 2011) e induciendo el rebrote y la germinación de especies herbáceas y arbustivas, lo que puede atraer a ciertos grupos de artrópodos que pueden beneficiarse de la mayor disponibilidad de recursos alimentarios (Schaffers et al., 2008; Pausas et al., 2018). En nuestro estudio, el aumento de ortópteros tras el fuego sin duda responde al aumento de recursos vegetales para este grupo casi exclusivamente herbívoro. El aumento de coleópteros de vegetación tras el fuego es interesante y además contrario a lo que acontece con los coleópteros de suelo. El aumento de coleópteros de vegetación en zonas quemadas está asociado al incremento de especies herbívoras o depredadoras de pulgones (Santos et al., 2009).

La comparación de las comunidades de zonas quemadas y no quemadas atendiendo a las abundancias relativas de cada especie muestran resultados interesantes y complementarios a los observados en las abundancias totales. En general, se observan diferencias en las comunidades estudiadas entre las zonas perturbadas y no perturbadas (beta diversidad), lo cual sugiere que a escala regional se observaría un aumento de la diversidad gamma debido a la heterogeneidad del paisaje causado por la perturbación. Es cierto que las especies más comunes, se hallan indistintamente en zonas quemadas y no quemadas, y esto se explica por qué, en general, son especies de amplia distribución y generalistas en el uso del hábitat y sus recursos (Santos et al., 2009). Sin embargo, la observación de especies menos comunes muestra resultados bien distintos: por ejemplo, en las comunidades de hormigas halladas en pinares de repoblación de la provincia de Tetuán, solamente el 50% de las especies detectadas se halló tanto en zonas quemadas como no quemadas. Algo parecido ocurrió en la comunidad de hormigas y coleópteros observados en Ceuta. Todos estos ejemplos sugieren que las preferencias ecológicas de las especies, sobre todo por el hábitat, son el principal motor que estructura espacialmente la distribución de las especies. De esta manera, las especies de ambientes forestales, con elevado humus en el horizonte 0 y notable humedad, muestran mayor afinidad por los pinares de repoblación. Eso ocurre incluso asumiendo que los pinares son hábitats poco atractivos para muchas especies de artrópodos debido a la elevada densidad de árboles, baja radiación a nivel de suelo, escasa diversidad de especies herbáceas que atraigan insectos, y elevada acidez producida por las hojas caídas (Vance et al., 2007; Mateos et al., 2011). En cambio, las especies más generalistas y también aquellas de ambientes abiertos, tienden a colonizar rápidamente los espacios quemados (Mateos et al., 2018), en ocasiones debido a un incremento de los recursos más solicitados (Pausas et al., 2018).

En conclusión, nuestros resultados indican la importancia del fuego como motor que modifica el paisaje e influye sobre la composición de las comunidades en los ecosistemas mediterráneos (Moretti et al., 2004). Aunque muchas especies mediterráneas tienden a ser resilientes al fuego

(Pausas & Parr, 2018), las hay adaptadas a las primeras etapas posincendio y otras solamente aparecen en zonas no quemadas a largo plazo. Por ello, la heterogeneidad del paisaje, en parte debida al fuego, permite un aumento de biodiversidad regional, y en ocasiones el mantenimiento de especies amenazadas. Este resultado debería ser importante para que los gestores de los espacios naturales impulsaran el mantenimiento de espacios heterogéneos para permitir la convivencia de comunidades de fauna bien diversas.

REFERENCIAS BIBLIOGRÁFICAS

Aboulaich. N.; Trigo, M.; Bouziane, H.; Cabezudo, B.; Recio, M.; El Kadiri, M.; Ater, M. 2013. Variations and origin of the atmospheric pollen of Cannabis detected in the province of Tetouan (NW Morocco): 2008–2010. Science of the Total Environment 443, 413–419.

Andersen, A. N.; Müller W. J. 2000. Arthropod responses to experimental fire regimes in an Australian tropical savannah: ordinal-level analysis. Austral Ecology 25, 199e209.

Apigian, K. O.; Dahlsten, D. L.; Stephens, S. L. 2006. Fire and fire surrogate treatment effects on leaf litter arthropods in a western Sierra Nevada mixed-conifer forest. Forest Ecology and Management 221, 110-122.

Azor, J. S.; Santos, X.; Pleguezuelos, J. M. 2015. Conifer-plantation thinning restores reptile biodiversity in Mediterranean landscapes. Forest Ecology and Management 354, 185-189.

Bates, D; Maechler, M.; Bolker, B.; Walker, S. 2015. Fitting linear mixed-effects models using lme4. Journal of Statistical Software 67, 1–48.

Bond, W. J.; Woodward, F.I.; Midgley, G. F. 2005. The global distribution of ecosystems in a world without fire. New Phytologist 165, 525–538.

Brotons, L; Herrando, S.; Pons, P. 2008. Wildfires and the expansion of threatened farmland birds: the ortolan bunting, *Emberiza hortulana*, in Mediterranean landscapes. Journal of Applied Ecology 45, 1059-1066.

Buddle, C. M; Spence, J. R.; Langor, D. W. 2000. Succession of boreal forest spider assemblages following wildfire and harvesting. Ecography 23, 424–436.

Buhk, C; Götzenberger, L.; Wesche, K.; Gómez, P. S; Hensen, I. 2006. Post-fire regeneration in a Mediterranean pine forest with historically low fire frequency. Acta Oecologica 30, 288–298.

Cagniant, H. 1997. Le genre *Tetramorium* au Maroc (Hymenoptera: Formicidae): clé et catalogue des espèces. Annales de la Société entomologique de France 33, 89-100.

Chapman, A. D. 2009. Numbers of Living Species in Australia and the World. Australian Biological Resources Study, Camberra, Australia.

Chergui, B.; Fahd, S.; Santos, X. 2018b. *Quercus suber* forest and *Pinus* plantations show different post-fire resilience in Mediterranean north-western Africa. Annales of Forest Science 75, 64.

Chergui, B.; Fahd, S.; Santos, X. 2019. Are reptile responses to fire shaped by forest type and vegetation structure? Insights from the Mediterranean Basin. Forest Ecology and Management 437, 340–347.

Chergui, B.; Fahd, S.; Santos, X. Pausas JG. 2018a. Socioeconomic factors drive fire regime variability in the Mediterranean Basin. Ecosystems 21, 619–628.

Day, J. D.; Birrell, J. H.; Terry, T. J; Clark, A.; Allen, P.; Clair, S. B. S. 2019. Invertebrate community response to fire and rodent activity in the Mojave and Great Basin Deserts. Ecology and Evolution 9, 6052-6067.

Demdam, H.; Taiqui, L.; Seva, E. 2008. Towards a spatial database of sacred sites in the Province of Tetouan (North of Morocco). Contribution of official cartography. Mediterranea 19, 9-68.

Denslow, J. S. 1985. Disturbance-mediated coexistence of species. In: S.T.A. Pickett and P.S. White (Editors), The Ecology of Natural Disturbance and Patch Dynamics. Academic Press, Orlando, FL, pp. 307-323.

Driscoll, D. A; Henderson, M. K. 2008. How many common reptile species are fire specialists? A replicated natural experiment highlights the predictive weakness of a fire succession model. Biological Conservation 141, 460-471.

Ettakifi, H.; Hicham, B.; Brahim, E. B.; Tomader, E.; L'bachir, E.K.M. 2019. Monitoring of the Project to Convert Cereal Production into Olive Plantations in the Province of Tetouan (Northern Morocco). Journal of Agriculture and Ecology Research International 20, 1-16.

Elmoulat, M; Brahim, L. A.; Elmahsani, A.; Abdelouafi, A. 2021. Mass movements susceptibility mapping by using heuristic approach. Case study: province of Tétouan (North of Morocco). Geoenvironmental Disasters 8, 20.

Farji-Brener, A. G.; Corley, J. C.; Bettinelli, J. 2002. The effects of fire on ant communities in north-western Patagonia: the importance of habitat structure and regional context. Diversity and Distributions 8, 235–243.

Fernández, M. M.; Salgado, J. 2004. Recolonization of a burnt pine forest (*Pinus pinaster*) by Carabidae (Coleoptera). European Journal of Soil Biology 40, 47–53.

Folkerts, G. W.; Deyrup, M. A; Sisson, D. C. 1993. Arthropods associated with xeric longleaf pine habitats in the southeastern United States: a brief overview. Proceedings of the Tall Timber Fire Ecology Conference, No. 18, the Longleaf Pine Ecosystems: Ecology, Restoration and Management (ed. by S. M. Hermann), pp. 159–203. Tall Timbers Research Station, Tallahassee, Florida.

Fox, B. J. 1982. Fire and mammalian secondary succession in an Australian coastal heath. Ecology 63, 1332–1341.

Francos, M; Úbeda, X.; Tort, J.; Panareda, J. M.; Cerdà, A. 2016. The role of forest fire severity on vegetation recovery after 18 years. Implications for forest management of *Quercus suber* L. in Iberian Peninsula. Global and Planetary Change 145, 11–16.

Hanes, T. L. 1971. Succession after fire in the chaparral of southern California. Ecological Monograph 41, 27-52.

Hanula, J. L.; Wade, D. D. 2003. Influence of long-term dormant-season burning and fire exclusion on ground-dwelling arthropod populations in longleaf pine flatwoods ecosystems. Forest Ecology and Management 175, 163–184.

Hartley, M. K; Rogers, W. E; Siemann, E.; Grace, J. 2007. Responses of prairie arthropod communities to fire and fertilizer: balancing plant and arthropod conservation. The American Midland Naturalist 157, 92–105.

Hyvärinen, E.; Kouki, J.; Martikainen, P.; Lappalainen, H. 2005. Short-term effects of controlled burning and green-tree retention on beetle (Coleoptera) assemblages in managed boreal forests. Forest Ecology and Management 212, 315–332.

Joern, A.; Laws, A. N. 2013. Ecological mechanism underlying arthropod species diversity in grasslands. Annual Review of Entomology 58, 19-36.

Kremen, C.; Colwell, R. K.; Erwin, T. L.; Murphy, D. D.; Noss, R. F.; Sanjayan, M. A. 1993. Terrestrial arthropod assemblages: their use in conservation planning. Conservation Biology 7, 79-803.

Lamont, B. B.; Downes, K. S. 2011. Fire-stimulated flowering among resprouters and geophytes in Australia and South Africa. Plant Ecology 212, 2111–2125.

Lattin, J. D. 1993. Arthropod diversity and conservation in old-growth northwest forests. The American Zoologist 33, 578–587.

Madrigal, J.; Hernando, C.; Martinez, E.; Guijarro, M.; Diez, C. 2005. Post-fire regeneration of *P. pinaster* Ait. in Sierra de Guadarrama (Central Spain): modelling of initial density and survival. Forest Systems 14, 36-51.

Mateos, E.; Santos, X.; Pujade-Villar, J. 2011. Taxonomic and functional responses to fire and post-fire management of a Mediterranean Hymenoptera community. Environmental Management, 48, 1000–1012.

Mateos, E.; Goula, M.; Sauras, T.; Santos, X. 2018. Habitat structure and host plant specialization drive taxonomic and functional composition of Heteroptera in postfire successional habitats. Turkish Journal of Zoology 42, 449-463.

McKenzie, D.; Gedalof, Z.; Peterson, D. L.; Mote, P. 2004. Climatic change, wildfire, and conservation. Biological Conservation 18, 890–902.

Mittermeier, R. A.; Robles Gil, P.; Hoffmann, M.; Pilgrim, J.; Brooks, T.; Mittermeier, C. G.; Lamoreux, J.; da Fonseca, G. A. B. 2004. Hotspots revisited: earth's biologically richest and most endangered terrestrial ecoregions. Cemex, Monterrey, and University of Chicago Press, Chicago, 392 pp.

Moreira, F.; Rego, F. C.; Ferreira, P. G. 2001. Temporal (1958-1995) pattern of change in a cultural landscape of northwestern Portugal: implications for fire occurrence. Landscape Ecology 16, 557-567.

Moreira, F.; Russo, D. 2007. Modelling the impact of agricultural abandonment and wildfires on vertebrate diversity in Mediterranean Europe. Landscape Ecology 22, 1461-1476.

Moretti, M.; Obrist, M. K., Duelli P. 2004. Arthropod biodiversity after forest fires: winners and losers in the winter fire regime of the Southern Alps. Ecography 27, 173–186.

Moritz, M. A.; Parisien, M-A.; Batllori, E.; Krawchuk, M. A.; Van Dorn, J.; Ganz, D. J.; Hayhoe, K. 2012. Climate change and disruptions to global fire activity. Ecosphere 3, 49.

Myers, N.; Mittermeier, R. A.; Mittermeier, C. G.; da Fonseca, G. A. B.; Kent, J. 2000. Biodiversity hotspots for conservation priorities. Nature 403, 853-858.

Neary, D. G.; Klopatek, C. C.; De Bano, L. F.; Folliott, P. F. 1999. Fire effects on belowground sustainability: a review and synthesis. Forest Ecology and Management 122, 51–71.

Oksanen, J. F.; Blanchet, G.; Friendly, M.; Kindt, R.; Legendre, P.; McGlinn, D.; Minchin, P. R.; O'Hara, R. B.; Simpson, G. L.; Solymos, P.; Stevens, M. H. H.; Szoecs, E.; Wagner, H. 2020. Vegan: Community Ecology Package. R package version 2.

Parr, C.L.; Robertson, H. G.; Biggs, H. C.; Chown, S. L. 2004. Response of African savanna ants to long-term fire regimes. Journal of Applied Ecology 41, 630-642.

Pausas, J. G.; Belliure, J.; Mínguez, E.; Montagud, S. (2018) Fire benefits flower beetles in a Mediterranean ecosystem. PLoS ONE 13(6): e0198951.

Pausas, J. G.; Fernández-Muñoz, S. 2012. Fire regime changes in the Western Mediterranean Basin: from fuel-limited to drought-driven fire regime. Climatic Change 110, 215-226.

Pausas, J. G.; Parr, C. L. 2018. Towards an understanding of the evolutionary role of fire in animals. Evolutionary Ecology 32, 113–125.

Pausas, J. G.; Vallejo, V. R. 1999. The role of fire in European Mediterranean ecosystems. In: Chuvieco E. (ed), Remote sensing of large wildfires in the European Mediterranean basin. Springer-Verlag, Berlin. Pp: 3-16.

Perry, D. A. 1998. The scientific basis of forestry. Annual Review of Ecology and Systematics 29, 435–466.

Petersen, H.; Luxton, M. 1982. A comparative analysis of soil fauna populations and their role in decomposition processes. Oikos 39, 288–388.

Pickett, S. T. A. 1989. Space-for-time substitution as an alternative to long-term studies. In: Long-term studies in ecology: approaches and alternatives. Edited by G.E. Likens. Springer-Verlag, New York. pp. 110-135.

Podgaiski, L. P.; Joner, F.; Lavorel, S.; Moretti, M.; Ibanez, S.; Mendonça M. D. S., Jr; Pillar, V. D. 2013. Spider trait assembly patterns and resilience under fire-induced vegetation change in south Brazilian grasslands. PLoS One 8(3), e60207.

Potts, S. G.; Dafni, A; Ne'Eman, G. 2001. Pollination of a core flowering shrub species in Mediterranean phrygana: variation in pollinator diversity, abundance and effectiveness in response to fire. Oikos 92, 71–80.

Potts, S. G.; Vulliamy, B.; Dafni, A.; Ne'eman, G.; O'Toole, C.; Roberts ,S.; Willmer, P. 2003. Response of plant-pollinator communities to fire: changes in diversity, abundance and floral reward structure. Oikos 101, 103–112.

Rodriguez-Caro, R. C.; Oedekoven, C. S.; Gracia, E.; Anadon, J. D.; Buckland, S. T.; Esteve Selma, M. A.; Martínez, J.; Giménez, A. 2017. Low tortoise abundances in pine forest plantations in forest-shrubland transition areas. PLoS One 12, e0173485.

Santos, X.; Bros, V.; Miño, A. 2009. Recolonization of a burnt Mediterranean area by terrestrial gastropods. Biodiversity and Conservation 18, 3153-3165.

Santos, X; Bros, V.; Ros, E. 2012. Contrasting responses of two xerophilous land snails to fire and natural reforestation. Contributions to Zoology 81, 167–180.

Santos, X; Mateos, E.; Bros, V.; Brotons, L.; De Mas, E.; Herraiz, J. A.; Herrando, S.; Miño, A.; Olmo-Vidal, J. M.; Quesada, J.; Ribes, J.; Sabaté, S.; Sauras-Yera, T.; Serra, A.; Vallejo, V. R.; Viñolas, A. 2014. Is response to fire influenced by dietary specialization and mobility? A comparative study with multiple animal assemblages. PloS ONE 9(2), e88224.

Santos, X.; Mateos, E.; Viñolas, A. 2009. Canvis en la comunitat de coleòpters de vegetació degut a un incendi forestal en el Parc Natural de Sant Llorenç del Munt i l'Obac. Butlletí de la Institució Catalana d'Història Natural 75, 99-118.

Schaffers, A. P.; Raemakers, I. P.; Sýkora, K. V.; ter Braak, C. J. F. 2008. Arthropod assemblages are best predicted by plant species composition. Ecology 89, 782–794.

Siemann, E; Haarstad, J.; Tilman, D. 1997. Short-term and long-term effects of burning on oak savanna arthropods. American Midland Naturalist 137, 349–361.

Swengel, A. B. 2001. A literature review of insect responses to fire, compared to other conservation managements of open habitat. Biodiversity and Conservation 10, 1141–1169.

Valentine, L. E; Reaveley, A.; Johnson, B.; Fisher, R.; Wilson, B. A. 2012. Burning in Banksia Woodlands: how does the fire-free period influence reptile communities? PLoS ONE 7(4), e34448.

Vance, C. C.; Smith, S. M.; Malcolm, J. R.; Huber, J.; Bellocq, M. I. 2007. Differences between forest type and vertical strata in the diversity and composition of Hymenopteran families and mymarid genera in northeastern temperate forests. Environmental Entomology, 36, 1073–1083.

Whelan, R. J. 1995. The Ecology of Fire. Cambridge University Press, Cambridge, UK.

Wickham, H. 2009. ggplot2: Elegant Graphics for Data Analysis. Springer-Verlag, New York http://had.co.nz/ggplot2/book.

York, A. 1996. Long-term effects of fuel reduction burning on invertebrates in a dry sclerophyll forest. In: Fire and Biodiversity. The Effects and Effectiveness of Fire Management. Biodiversity Series Paper No. 8. Department of Environment Sport and Territories, Canberra, Australia, pp. 163–181.